Julien Offray de La Mettrie

Système d'Épicure

essai

 Le code de la propriété intellectuelle du 1er juillet 1992 interdit en effet expressément la photocopie à usage collectif sans autorisation des ayants droit. Or, cette pratique s'est généralisée dans les établissements d'enseignement supérieur, provoquant une baisse brutale des achats de livres et de revues, au point que la possibilité même pour les auteurs de créer des oeuvres nouvelles et de les faire éditer correctement est aujourd'hui menacée. En application de la loi du 11 mars 1957, il est interdit de reproduire intégralement ou partiellement le présent ouvrage, sur quelque support que ce soit, sans autorisation de l'Editeur ou du Centre Français d'Exploitation du Droit de Copie , 20, rue Grands Augustins, 75006 Paris.

ISBN : 978-1536812978

10 9 8 7 6 5 4 3 2 1

Julien Offray de La Mettrie

Système
d'Épicure

essai

Table de Matières

Section I.	7
Section II.	7
Section III.	7
Section IV.	8
Section V.	8
Section VI.	8
Section VII.	8
Section VIII.	9
Section IX.	9
Section X.	9
Section XI.	10
Section XII.	10
Section XIII.	10
Section XIV.	10
Section XV.	11
Section XVI.	11
Section XVII.	11
Section XVIII.	12
Section XIX.	12
Section XX.	12
Section XXI.	12
Section XXII.	12
Section XXIII.	13
Section XXIV.	13
Section XXV.	13
Section XXVI.	13
Section XXVII.	14
Section XXVIII.	14
Section XXIX.	14
Section XXX.	15
Section XXXI.	15
Section XXXII.	15
Section XXXIII.	16
Section XXXIV.	16
Section XXXV.	17
Section XXXVI.	17
Section XXXVII.	18
Section XXXVIII.	18
Section XXXIX.	19
Section XL.	19
Section XLI.	19
Section XLII.	20
Section XLIII.	20
Section XLIV.	20
Section XLV.	20

Section XLVI.	*21*
Section XLVII.	*21*
Section XLVIII.	*22*
Section XLIX.	*22*
Section L.	*22*
Section LI.	*22*
Section LII.	*22*
Section LIII.	*23*
Section LIV.	*23*
Section LV.	*23*
Section LVI.	*23*
Section LVII.	*24*
Section LVIII.	*24*
Section LIX.	*24*
Section LX.	*24*
Section LXI.	*24*
Section LXII.	*25*
Section LXIII.	*25*
Section LXIV.	*25*
Section LXV.	*26*
Section LXVI.	*26*
Section LXVII.	*26*
Section LXVIII.	*26*
Section LXIX.	*27*
Section LXX.	*27*
Section LXXI.	*27*
Section LXXII.	*27*
Section LXXIII.	*27*
Section LXXIV.	*28*
Section LXXV.	*29*
Section LXXVI.	*29*
Section LXXVII.	*29*
Section LXXVIII.	*29*
Section LXXIX.	*30*
Section LXXX.	*30*
Section LXXXI.	*30*
Section LXXXII.	*31*
Section LXXXIII.	*31*
Section LXXXIV.	*31*
Section LXXXV.	*32*
Section LXXXVI.	*32*
Section LXXXVII.	*33*
Section LXXXVIII.	*33*
Section LXXXIX.	*33*
Section XC.	*33*
Section XCI.	*34*
Section XCII.	*34*
Section XCIII.	*34*

Julien Offray de La Mettrie

Quam misera animalium superbissimi origo !

PLINIUS

Section I.

Lorsque je lis dans Virgile, *Georg.* L. 2 :

Felix qui potuit rerum cognoscere causas !

je demande, *quis potuit ?* Non, les ailes de notre génie ne peuvent nous élever jusqu'à la connoissance des causes. Le plus ignorant des hommes est aussi éclairé à cet égard, que le plus grand philosophe. Nous voyons tous les objets, tout ce qui se passe dans l'univers, comme une belle décoration d'opéra, dont nous n'apercevons ni les cordes, ni les contre-poids. Dans tous les corps, comme dans le nôtre, les premiers ressorts nous sont cachés, & le seront vraisemblablement toujours. Il est facile de se consoler d'être privés d'une science qui ne nous rendroit, ni meilleurs, ni plus heureux.

Section II.

Je ne puis voir ces enfans, qui avec une pipe & du savon battu dans de l'eau, s'amusent à faire ces belles vessies colorées, que le souffle dilate si prodigieusement, sans les comparer à la nature. Il me semble qu'elle prend comme eux, sans y songer, les moyens les plus simples pour opérer. Il est vrai qu'elle ne se met pas plus en dépense, pour donner à la terre un prince qui doit la faire trembler, que pour faire éclore l'herbe qu'on foule aux pieds. Un peu de boue, une goutte de morve, forme l'homme & l'insecte ; & la plus petite portion de mouvement a suffi pour faire jouer la machine du monde.

Section III.

Les merveilles de tous les regnes, comme parlent les chimistes, toutes ces choses que nous admirons, qui nous étonnent si fort, ont été produites, pour ainsi dire, à-peu-près par le même mélange d'eau & de savon, & comme par la pipe de nos enfans.

Section IV.

Comment *prendre la nature sur le fait* ? Elle ne s'y est jamais prise elle-même. Dénuée de connoissance & de sentiment, elle fait de la soie, comme le *Bourgeois Gentilhomme* fait de la prose, sans le savoir : aussi aveugle, lorsqu'elle donne la vie, qu'innocente lorsqu'elle la détruit.

Section V.

Les physiciens regardent l'air comme le chaos universel de tous les corps. On peut dire qu'il n'est presque qu'une eau fine, dans laquelle ils nagent, tant qu'ils sont plus légers qu'elle. Lorsque le soutien de cette eau, ce ressort inconnu par lequel nous vivons, & qui constitue, ou est lui-même l'air proprement dit, lors, dis-je, que ce ressort n'a plus la force de porter les graines dispersées dans toute l'atmosphère, elles tombent sur la terre par leur propre poids ; ou elles sont jetées çà & là par les vents sur sa surface. De là toutes ces productions végétales, qui couvrent souvent tout-à-coup les fossés, les murailles, les marais, les eaux croupies, qui étoient, il y a peu de temps, sans herbe & sans verdure.

Section VI.

Que de chenilles & autres insectes viennent aussi quelquefois manger les arbres en fleur, & fondre sur nos jardins ! D'où viennent-ils, si ce n'est de l'air ?

Section VII.

Il y a donc dans l'air des graines ou semences, tant animales, que végétales ; il y en a eu, & il y en aura toujours. Chaque individu attire à soi celles de son espece, ou celles qui lui sont propres, à moins qu'on n'aime mieux que ces semences aillent chercher les corps où elles peuvent mûrir, germer & se développer.

Section VIII.

Leur premiere matrice a donc été l'air, dont la chaleur commence à les préparer. Elle se vivifient davantage dans leur seconde matrice, j'entends les vaisseaux spermatiques, les testicules, les vésicules séminales ; & cela, par les chaleurs, les frottemens, la stagnation d'un grand nombre d'années ; car on sait que ce n'est qu'à l'âge de puberté, & par conséquent après une longue digestion dans le corps du mâle, que les semences viriles deviennent propres à la génération. Leur troisieme & derniere matrice, est celle de la femelle, où l'œuf fécondé, descendu de l'ovaire par les trompes de Fallope, est en quelque sorte intérieurement couvé, & où il prend facilement racine.

Section IX.

Les mêmes semences qui produisent tant de sortes d'*animalcules*, dans les fluides exposés à l'air, & qui passent aussi aisément dans le mâle, par les organes de la respiration & de la déglutition ; que du mâle, sous une forme enfin visible, dans la femelle, par le vagin ; ces semences, dis-je, qui s'implantent & germent avec tant de facilité dans l'*uterus*, supposent-elles qu'il y eut toujours des hommes, des hommes faits, & de l'un, & de l'autre sexe ?

Section X.

Si les hommes n'ont pas toujours existé, tels que nous les voyons aujourd'hui, (eh ! le moyen de croire qu'ils soient venus au monde, grands, comme pere & mere, & fort en état de procréer leurs semblables !) il faut que la terre ait servi d'*uterus* à l'homme ; qu'elle ait ouvert son sein aux germes humains, déjà préparés, pour que ce superbe animal, certaines loix posées, en pût éclore. Pourquoi, je vous le demande, Anti-Épicuriens modernes, pourquoi la terre, cette commune mere & nourrice de tous les corps, auroit-elle refusé aux graines animales, ce qu'elle accorde aux végétaux les plus vils, les plus pernicieux ? Ils trouvent toujours ses entrailles fécondes ; & cette matrice n'a rien au fond de plus surprenant que celle de la femme.

Section XI.

Mais la terre n'est plus le berceau de l'humanité ! On ne la voit point produire d'hommes ! Ne lui reprochons point sa stérilité actuelle ; elle a fait sa portée de ce côté-là. Une vieille poule ne pond plus, une vieille femme ne fait plus d'enfans ; c'est à-peu-près la réponse que Lucrece fait à cette objection.

Section XII.

Je sens tout l'embarras que produit une pareille origine, & combien il est difficile de l'éluder. Mais comme on ne peut se tirer ici d'une conjecture aussi hardie, que par d'autres, en voici que je soumets au jugement des philosophes.

Section XIII.

Les premieres générations ont dû être fort imparfaites. Ici l'œsophage aura manqué ; là l'estomac, la vulve, les intestins, &c. Il est évident que les seuls animaux qui auront pu vivre, se conserver, & perpétuer leur espece, auront été ceux qui se seront trouvés munis de toutes les pièces nécessaires à la génération, & auxquels en un mot aucune partie essentielle n'aura manqué. Réciproquement ceux qui auront été privés de quelque partie d'une nécessité absolue, seront morts, ou peu de temps après leur naissance, ou du moins sans se reproduire. La perfection n'a pas plus été l'ouvrage d'un jour pour la nature, que pour l'art.

Section XIV.

J'ai vu cette femme sans sexe[1], animal indéfinissable, tout-à-fait châtré dans le sein maternel. Elle n'avoit ni motte, ni clitoris, ni tetons, ni vulve, ni grandes levres, ni vagin, ni matrice, ni regles ; & en voici la preuve. On touchoit par l'anus la sonde introduite par l'uretre, le bistouri profondément introduit l'endroit où est toujours la grande fente dans les femmes, ne perçoit que des graisses & des chairs peu vasculeuses, qui donnoient peu de sang : il fallut

---

1 On en a déjà parlé dans *l'homme machine*.

renoncer au projet de lui faire une vulve, & la démarier après dix ans de mariage avec un paysan aussi imbécille qu'elle, qui n'étant point au fait, n'avoit eu garde d'instruire sa femme de ce qui lui manquoit. Il croyoit bonnement que la voie des selles étoit celle de la génération, & il agissoit en conséquence, aimant fort sa femme qui l'aimoit aussi beaucoup, & étoit très-fâchée que son secret eût été découvert. M. le comte d'Erouville, lieutenant-général, tous les médecins & chirurgiens de Gand, ont vu cette femme manquée, & en ont dressé un procès-verbal.

Elle étoit absolument dépourvue de tout sentiment du plaisir vénérien ; on avoit beau chatouiller le siege du clitoris absent, il n'en résultoit aucune sensation agréable. Sa gorge ne s'enfloit en aucun temps.

Section XV.

Or si aujourd'hui même la nature s'endort jusqu'à ce point ; si elle est capable d'une si étonnante erreur, combien de semblables jeux ont-ils été autrefois plus fréquens ! Une distraction aussi considérable, pour le dire ainsi, un oubli aussi singulier, aussi extraordinaire, rend, ce me semble, raison de tous ceux où la nature a dû nécessairement tomber dans ces temps reculés, dont les générations étoient incertaines, difficiles, mal établies, & plutôt des essais, que des coups de maître.

Section XVI.

Par quelle infinité de combinaisons il a fallu que la matiere ait passé, avant que d'arriver à celle-là seule, de laquelle pouvoit résulter un animal parfait ! Par combien d'autres, avant que les générations soient parvenues au point de perfection qu'elles ont aujourd'hui !

Section XVII.

Par une conséquence naturelle, ceux-là seuls auront eu la faculté de voir, d'entendre, &c. à qui d'heureuses combinaisons auront enfin donné des yeux & des oreilles exactement faits & placés comme les nôtres.

Section XVIII.

Les élémens de la matiere, à force de s'agiter & de se mêler entr'eux, étant parvenus à faire des yeux, il a été aussi impossible de ne pas voir, que de ne pas se voir dans un miroir, soit naturel, soit artificiel. L'œil s'est trouvé le miroir des objets, qui souvent lui en servent à leur tour. La nature n'a pas plus songé à faire l'œil pour voir, que l'eau, pour servir de miroir à la simple bergere. L'eau s'est trouvée propre à renvoyer les images ; la bergere y a vu avec plaisir son joli minois. C'est la pensée de l'auteur de l'*homme machine*.

Section XIX.

N'y a-t-il pas eu un peintre, qui ne pouvant représenter à son gré un cheval écumant, réussit admirablement, fit la plus belle écume, en jetant de dépit son pinceau sur la toile ?

Le hasard va souvent plus loin que la prudence.

Section XX.

Tout ce que les médecins & les physiciens ont écrit sur l'usage des parties des corps animés, m'a toujours paru sans fondement. Tous leurs raisonnemens sur les causes finales sont si frivoles, qu'il faut que Lucrece ait été aussi mauvais physicien, que grand poëte, pour les réfuter aussi mal.

Section XXI.

Les yeux se sont faits, comme la vue ou l'ouïe se perd & se recouvre ; comme tel corps réfléchit le son, ou la lumiere. Il n'a pas fallu plus d'artifice dans la construction de l'œil, ou de l'oreille, que dans la fabrique d'un écho.

Section XXII.

S'il y a un grain de poussiere dans le canal d'Eustache, on n'entend point ; si les arteres de Ridley dans la rétine, gonflées de sang, ont usurpé une partie du siege qui attend les rayons de lumiere, on voit des mouches voler. Si le nerf optique est obstrué, les yeux sont clairs & ne voient point. Un rien dérange l'optique de la nature, qu'elle n'a par conséquent pas trouvée tout d'un coup.

Section XXIII.

Les tâtonnemens de l'art pour imiter la nature, font juger des siens propres.

Section XXIV.

Tous les yeux, dit-on, sont optiquement faits, toutes les oreilles mathématiquement ! Comment sait-on cela ? Parce qu'on a observé la nature ; on a été fort étonné de voir ses productions si égales, & même si supérieures à l'art : on n'a pu s'empêcher de lui supposer quelque but, ou des vues éclairées. La nature a donc été avant l'art, il s'est formé sur ses traces ; il en est venu, comme un fils vient de sa mere. Et un arrangement fortuit donnant les mêmes privileges qu'un arrangement fait exprès avec toute l'industrie possible, a valu à cette commune mere, un honneur que méritent les seules loix du mouvement.

Section XXV.

L'homme, cet animal curieux de tout, aime mieux rendre le nœud qu'il veut délier plus indissoluble, que de ne pas accumuler questions sur questions, dont la derniere rend toujours le problème plus difficile. Si tous les corps sont mus par le feu, qui lui donne son mouvement ? l'éther. Qui le donne à l'éther ? D*** a raison ; notre philosophie ne vaut pas mieux que celle des Indiens.

Section XXVI.

Prenons les choses pour ce qu'elles nous semblent ; regardons tout autour de nous ; cette circonspection n'est pas sans plaisir, le spectacle est enchanteur ; assistons-y ; en l'admirant, mais sans cette vaine démangeaison de tout concevoir, sans être tourmentés par une curiosité toujours superflue, quand les sens ne la partagent pas avec l'esprit.

Section XXVII.

Comme, certaines loix physiques posées, il n'étoit pas possible que la mer n'eût son flux & son reflux, de même, certaines loix du mouvement ayant existé, elles ont formé des yeux qui ont vu, des oreilles qui ont entendu, des nerfs qui ont senti, une langue tantôt capable & tantôt incapable de parler, suivant son organisation ; enfin elles ont fabriqué le viscere de la pensée. La nature a fait, dans la machine de l'homme, une autre machine qui s'est trouvée propre à retenir les idées & à en faire de nouvelles, comme dans la femme, cette matrice, qui d'une goutte de liqueur fait un enfant. Ayant fait, sans voir, des yeux qui voient, elle a fait sans penser, une machine qui pense. Quand on voit un peu de morve produire une créature vivante, pleine d'esprit & de beauté, capable de s'élever au sublime du style, des mœurs, de la volupté, peut-on être surpris qu'un peu de cervelle de plus ou de moins, constitue le génie, ou l'imbécillité ?

Section XXVIII.

La faculté de penser n'ayant pas une autre source que celle de voir, d'entendre, de parler, de se reproduire, je ne vois pas quelle absurdité il y auroit de faire venir un être intelligent d'une cause aveugle. Combien d'enfans extrêmement spirituels, dont les pere & mere sont parfaitement stupides & imbécilles !

Section XXIX.

Mais, ô bon dieu ! Dans quels vils insectes n'y a-t-il pas à-peu-près autant d'esprit, que dans ceux qui passent une vie doctement puérile à les observer ! Dans quels animaux les plus inutiles, les plus venimeux, les plus féroces, & dont on ne peut trop purger la terre, ne brille pas quelque rayon d'intelligence ? Supposerons-nous une cause eclairée, qui donne aux uns un être si facile à détruire par les autres, & qui a tellement tout confondu, qu'on ne peut qu'à force d'expériences fortuites distinguer le poison de l'antidote, ni tout ce qui est à rechercher, de ce qui est à fuir ? Il me semble, dans l'extrême désordre où sont les choses, qu'il y a une sorte d'impiété à ne pas tout rejeter sur l'aveuglement de la nature. Elle seule peut en effet innocemment nuire & servir.

Section XXX.

Elle se joue davantage de notre raison, en nous faisant porter plus loin une vue orgueilleuse, que ceux qui s'amusoient à presser le cerveau de ce pauvre qui demandoit à Paris l'aumône dans son crâne, ne se jouoient de la sienne.

Section XXXI.

Laissons là

Cette fiere raison, dont on fait tant de bruit.

Pour la détruire, il n'est pas besoin de recourir au délire, à la fievre, à la rage, à tout miasme empoisonné, introduit dans les veines par la plus petite sorte d'inoculation ;

Un peu de vin la trouble, un enfant la séduit.

À force de raison, on parvient à faire peu de cas de la raison. C'est un ressort qui se détraque, comme un autre, & même plus facilement.

Section XXXII.

Tous les animaux, & l'homme par conséquent qu'aucun sage ne s'avisa jamais de soustraire à leur catégorie, seroient-ils véritablement fils de la terre, comme la fable le dit des géans ? La mer couvrant peut-être originairement la surface de notre globe, n'auroit-elle point été elle-même le berceau flottant de tous les êtres éternellement enfermés dans son sein ? C'est le système de l'auteur de *Telliamed,* qui revient à-peu-près à celui de Lucrece ; car toujours faudroit-il que la mer, absorbée par les pores de la terre, consumée peu-à-peu par la chaleur du soleil & le laps infini des temps, eût été forcée, en se retirant, de laisser l'œuf humain, comme elle fait quelquefois le poisson, à sec sur le rivage. Moyennant quoi, sans autre incubation que celle du soleil, l'homme & tout autre animal seroient sortis de leur coque, comme certains éclosent encore aujourd'hui dans les pays chauds, & comme sont aussi les poulets dans un fumier chaud par l'art des physiciens.

Section XXXIII.

Quoi qu'il en soit, il est probable que les animaux, en tant que moins parfaits que l'homme, auront pu être formés les premiers. Imitateurs les uns des autres, l'homme l'aura été d'eux ; car tout leur *regne* n'est, à dire vrai, qu'un composé de différens singes plus ou moins adroits, à la tête desquels Pope a mis Newton. La *postériorité* de naissance, ou du développement de la structure contenue dans le germe de l'homme, n'auroit rien de si surprenant. Par la raison qu'il faudroit plus de temps pour faire un homme, ou un animal doué de tous ses membres & de toutes ses facultés, que pour en faire un imparfait & tronqué ; il en faudroit aussi davantage pour donner l'être à un homme, que pour faire éclore un animal. On ne donne point *l'antériorité* de la production des brutes, pour expliquer la précocité de leur instinct, mais pour rendre raison de l'imperfection de leur espece.

Section XXXIV.

Il ne faut pas croire qu'il ait été impossible à un fœtus humain, sorti d'un œuf enraciné dans la terre, de trouver les moyens de vivre. En quelque endroit de ce globe, & de quelque maniere que la terre ait accouché de l'homme, les premiers ont dû se nourrir de ce que la terre produisoit d'elle-même & sans culture, comme le prouve la lecture des plus anciens historiens & naturalistes. Croyez-vous que le premier nouveau-né ait trouvé un teton, ou un ruisseau de lait tout prêt pour sa subsistance ?

Section XXXV.

L'homme nourri des sucs vigoureux de la terre, durant tout son état d'embryon, pouvoit être plus fort, plus robuste qu'à présent, qu'il est énervé par une suite infinie de générations molles & délicates ; en conséquence il pouvoit participer à la précocité de l'instinct animal, qui ne semble venir que de ce que le corps des animaux qui ont moins de temps à vivre, est plutôt formé. D'ailleurs, pour joindre des secours étrangers aux ressources propres à l'homme, les animaux, qui, loin d'être sans pitié, en ont souvent montré dans des spectacles barbares, plus que leurs ordonnateurs, auront pu lui procurer de meilleurs abris, que ceux où le hasard l'aura fait naître ; le transporter, ainsi que leurs petits, en des lieux où il aura eu moins à souffrir des injures de l'air. Peut-être même qu'émus de compassion à l'aspect de tant d'embarras & de langueurs, ils auront bien voulu prendre soin de l'allaiter, comme plusieurs écrivains, qui paroissent dignes de foi, assurent que cela arrive quelquefois en Pologne : je parle de ces ourses charitables, qui après avoir enlevé, dit-on, des enfans presque nouveaux-nés, laissés sur une porte par une nourrice imprudente, les ont nourris & traités avec autant d'affection & de bonté que leurs propres petits. Or tous ces soins paternels des animaux envers l'homme auront vraisemblablement duré jusqu'à ce que celui-ci, devenu plus grand & plus fort, ait pu se traîner, à leur exemple, se retirer dans les bois, dans les troncs d'arbres creux, & vivre enfin d'herbes comme eux. J'ajoute que si les hommes ont jamais vécu plus qu'aujourd'hui, ce n'est qu'à cette conduite & à cette nourriture, qu'on peut raisonnablement attribuer une si étonnante *longévité*.

Section XXXVI.

Ceci jette, il est vrai, de nouvelles difficultés sur les moyens & la facilité de perpétuer l'espece ; car si tant d'hommes, si tant d'animaux ont eu une vie courte, pour avoir été privés, ici d'une partie, souvent double là, combien auront péri faute de secours dont je viens d'indiquer la possibilité ! Mais que deux, sur mille peut-être, se soient conservés, & ayent pu procréer leur semblable, c'est tout ce que je demande, soit dans l'hypothese des générations si difficiles à se perfectionner, soit dans celle de ces enfans de la terre qu'il est difficile d'élever, si impossible même, quand on considere que ceux d'aujourd'hui, aussi-tôt abandonnés que mis au monde, périroient tous vraisemblablement, ou presque tous.

Section XXXVII.

Il est cependant des faits certains qui nous apprennent qu'on peut faire par nécessité bien des choses, que nos seuls usages plus que la raison même nous font croire absolument impossibles. L'auteur du *traité de l'ame* en a fait la curieuse récolte. On voit que des enfans laissés assez jeunes dans un désert, pour avoir perdu toute mémoire, & pour croire n'avoir ni commencement ni fin, ou égarés pendant bien des années dans des forêts inhabitées, à la suite d'un naufrage, ont vécu des mêmes alimens que les bêtes, se sont traînés comme elles, au lieu de marcher droits, & ne prononçoient que des sons inarticulés, plus ou moins horribles, au lieu d'une prononciation distincte, selon ceux des animaux qu'ils avoient machinalement imités. L'homme n'apporte point sa raison en naissant ; il est plus bête qu'aucun animal ; mais plus heureusement organisé pour avoir de la mémoire & de la docilité, si son instinct vient plus tard, ce n'est que pour se changer assez vîte en petite raison, qui, comme un corps bien nourri, se fortifie peu-à-peu par la culture. Laissez cet instinct en friche, la chenille n'aura point l'honneur de devenir papillon ; l'homme ne sera qu'un animal comme un autre.

Section XXXVIII.

Celui qui a regardé l'homme comme une plante, & n'en a gueres essentiellement fait plus d'estime que d'un chou, n'a pas plus fait de tort à cette belle espece, que celui qui en a fait une pure machine. L'homme croît dans la matrice par végétation, & son corps se dérange & se rétablit, comme une montre, soit par ses propres ressorts, dont le jeu est souvent heureux, soit par l'art de ceux qui les connoissent, non en horlogers, (les anatomistes) mais en physiciens chymistes.

Section XXXIX.

Les animaux éclos d'un germe éternel, quel qu'il ait été, venus les premiers au monde, à force de se mêler entr'eux, ont, selon quelques philosophes, produit ce beau monstre qu'on appelle homme : & celui-ci à son tour, par son mélange avec les animaux, auroit fait naître les différens peuples de l'univers. On fait venir, dit un auteur qui a tout pensé & n'a pas tout dit, les premiers rois de Danemarck du commerce d'une chienne avec un homme ; les Péguins *se vantent* d'être issus d'un chien & d'une femme Chinoise, que le débris d'un vaisseau exposa dans leur pays : les premiers Chinois ont, dit-on, la même origine.

Section XL.

La différence frappante des physionomies & des caracteres des divers peuples, aura fait imaginer ces étranges congrès, & ces bisarres amalgames : & en voyant un homme d'esprit mis au monde par l'opération & le bon plaisir d'un sot, on aura cru que la génération de l'homme par les animaux n'avoit rien de plus impossible & de plus étonnant.

Section XLI.

Tant de philosophes ont soutenu l'opinion d'Épicure, que j'ai osé mêler ma foible voix à la leur ; comme eux au reste, je ne fais qu'un système ; ce qui nous montre dans quel abyme on s'engage, quand voulant percer la nuit des temps, on veut porter de présomptueux regards sur ce qui ne leur offre aucune prise : car admettez la création ou la rejettez, c'est par-tout le même mystere ; partout la même incompréhensibilité. Comment s'est formée cette terre que j'habite ? Est-elle la seule planete habitée ? D'ou viens-je ? Où suis-je ? Quelle est la nature de ce que je vois ? de tous ces brillans phantômes dont j'aime l'illusion ? Étois-je, avant que de n'être point ? Serai-je, lorsque je ne serai plus ? Quel état a précédé le sentiment de mon existence ? Quel état suivra la perte de ce sentiment ? C'est ce que les plus grands génies ne sauront jamais ; ils battront philosophiquement la campagne, comme j'ai fait[1], feront sonner l'alarme aux dévots, & ne nous apprendront rien.

Section XLII.

Comme la médecine n'est le plus souvent qu'une science de remedes dont les noms sont admirables, la philosophie n'est de même qu'une science de belles paroles ; c'est un double bonheur, quand les uns guérissent, & quand les autres signifient quelque chose. Après un tel aveu, comment un tel ouvrage seroit-il dangereux ? Il ne peut qu'humilier l'orgueil des philosophes, & les inviter à se soumettre à la foi.

Section XLIII.

Ô ! qu'un tableau aussi varié que celui de l'univers & de ses habitans, qu'une scene aussi changeante & dont les décorations sont aussi belles, a de charmes pour un philosophe ! Quoiqu'il ignore les premieres causes (& il s'en fait gloire), du coin du parterre où il s'est caché, voyant sans être vu, loin du peuple & du bruit, il assiste à un spectacle, où tout l'enchante & rien ne le surprend, pas même de s'y voir.

Section XLIV.

Il lui paroît plaisant de vivre, plaisant d'être le jouet de lui-même, de faire un rôle aussi comique, & de se croire un personnage important.

Section XLV.

La raison pour laquelle rien n'étonne un philosophe, c'est qu'il sait que la folie & la sagesse, l'instinct & la raison, la grandeur & la petitesse, la puérilité & le bon sens, le vice & la vertu, se touchent d'aussi près dans l'homme, que l'adolescence & l'enfance ; que *l'esprit recteur* & l'huile dans les végétaux ; enfin que le pur & l'impur dans les fossiles. L'homme dur, mais vrai, il le compare à un car-

---

1 Voyez l'hypothese nouvelle & ingénieuse de Mr de Buffon.

rosse doublé d'une étoffe précieuse, mal suspendu ; le fat n'est à ses yeux, qu'un paon qui admire sa queue ; le foible & l'inconstant, qu'une girouette qui tourne à tout vent ; l'homme violent, qu'une fusée qui s'éleve dès qu'elle a pris feu, on un lait bouillant, qui passe par-dessus les bords de son vase, &c.

Section XLVI.

Moins délicat en amitié, en amour, &c. plus aisé à satisfaire & à vivre, les défauts de confiance dans l'ami, de fidélité dans la femme & la maîtresse, ne sont que de légers défauts de l'humanité, pour qui examine tout en physicien, & le vol même, vu des mêmes yeux, est plutôt un vice qu'un crime. Savez-vous pourquoi je fais encore quelque cas des hommes ? C'est que je les crois sérieusement des *machines*. Dans l'hypothese contraire, j'en connois peu dont la société fût estimable. Le matérialisme est l'antidote de la misanthropie.

Section XLVII.

On ne fait point de si sages réflexions, sans en tirer quelque avantage pour soi-même ; c'est pourquoi le philosophe, opposant à ses propres vices, la même égide qu'à l'adversité, n'est pas plus intérieurement déchiré par la malheureuse nécessité de ses mauvaises qualités, qu'il n'est vain & glorieux de ses bonnes. Si le hasard a voulu qu'il fût aussi bien organisé que la société peut, & que chaque homme raisonnable doit le souhaiter, le philosophe s'en félicitera, & même s'en réjouira, mais sans suffisance & sans présomption. Par la raison contraire, comme il ne s'est pas fait lui-même, si les ressorts de sa machine jouent mal, il en est fâché, il en gémit en qualité de bon citoyen ; comme philosophe, il ne s'en croit point responsable. Trop éclairé pour se trouver coupable de pensées & d'actions, qui naissent & se font malgré lui ; soupirant sur la funeste condition de l'homme, il ne se laisse pas ronger par ces bourreaux de remords, fruits amers de l'éducation, que l'arbre de la nature ne porta jamais.

Section XLVIII.

Nous sommes dans ses mains, comme une pendule dans celles d'un horloger ; elle nous a pétris, comme elle a voulu, ou plutôt comme elle a pu ; enfin nous ne sommes pas plus criminels, en suivant l'impression des mouvemens primitifs qui nous gouvernent, que le Nil ne l'est de ses inondations, & la mer de ses ravages.

Section XLIX.

Après avoir parlé de l'origine des animaux, je ferai quelques réflexions sur la mort ; elles seront suivies de quelques autres sur la vie & la volupté. Les unes & les autres sont proprement un *projet de vie & de mort,* digne de couronner un système épicurien.

Section L.

La transition de la vie à la mort, n'est pas plus violente, que son passage. L'intervalle qui les sépare, n'est qu'un point, soit par rapport à la nature de la vie, qui ne tient qu'à un fil, que tant de causes peuvent rompre, soit dans l'immense durée des êtres. Hélas ! puisque c'est dans ce point que l'homme s'inquiète, s'agite, & se tourmente sans-cesse, on peut bien dire que la raison n'en a fait qu'un fou.

Section LI.

Quelle vie fugitive ! Les formes des corps brillent, comme les vaudevilles se chantent. L'homme & la rose paroissent le matin, & ne sont plus le soir. Tout se succede, tout disparoît, & rien ne périt.

Section LII.

Trembler aux approches de la mort, c'est ressembler aux enfans, qui ont peur des spectres & des esprits. Le pâle phantôme peut frapper à ma porte, quand il voudra, je n'en serai point épouvanté. Le philosophe seul est brave, où la plupart des braves ne le sont point.

Julien Offray de La Mettrie

Section LIII.

Lorsqu'une feuille d'arbre tombe, quel mal se fait-elle ? La terre la reçoit bénignement dans son sein ; & lorsque la chaleur du soleil en a exalté les principes, ils nagent dans l'air, & sont le jouet des vents.

Section LIV.

Quelle différence y a-t-il entre un homme & une plante, réduits en poudre ? Les cendres animales ne ressemblent-elles pas aux végétales ?

Section LV.

Ceux[1] qui ont défini le froid, *une privation du feu,* ont dit ce que le froid n'est pas, & non ce qu'il est : il n'en est pas de même de la mort. Dire ce qu'elle n'est pas ; dire qu'elle est une privation d'air, qui fait cesser tout mouvement, toute chaleur, tout sentiment ; c'est assez déclarer ce qu'elle est : rien de positif ; rien ; moins que rien, si on pouvoit le concevoir ; non, rien de réel ; rien qui nous regarde, rien qui nous appartienne, comme l'a fort bien dit Lucrece. La mort n'est dans la nature des choses, que ce qu'est le zéro dans l'arithmétique.

Section LVI.

C'est cependant (qui le croiroit ?) c'est ce zéro, ce chiffre qui ne compte point, qui ne fait point nombre par lui même ; c'est ce chiffre, pour lequel il n'y a rien à payer, qui cause tant d'alarmes & d'inquiétudes ; qui fait flotter les uns dans une incertitude cruelle, & fait tellement trembler les autres, que certains n'y peuvent penser sans horreur. Le seul nom de la mort les fait frémir. Le passage de quelque chose à rien, de la vie à la mort, de l'être au néant, est-il donc plus inconcevable, que le passage de rien à quelque chose, du néant à l'être, ou à la vie ? Non, il n'est pas moins naturel ; & s'il est plus violent, il est aussi plus nécessaire.

---

1 Boerh. *Élem. Chem.* T. I. de *Igne.*

Section LVII.

Accoutumons-nous à le penser, & nous ne nous affligerons pas plus de nous voir mourir, que de voir la lame user enfin le fourreau ; nous ne donnerons point de larmes puériles à ce qui doit indispensablement arriver. Faut-il donc tant de force de raison, pour faire le sacrifice de nous-mêmes, & y être toujours prêts. Quelle autre force nous retient à ce qui nous quitte ?

Section LVIII.

Pour être vraiment sage, il ne suffit pas de savoir vivre heureux dans la médiocrité, il faut savoir tout quitter de sang froid, quand l'heure en est venue. Plus on quitte, plus l'héroïsme est grand. Le dernier moment est la principale pierre de touche de la sagesse ; c'est, pour ainsi dire, dans le creuset de la mort, qu'il la faut éprouver.

Section LIX.

Si vous craignez la mort, si vous êtes trop attaché à la vie, vos derniers soupirs seront affreux ; la mort vous servira du plus cruel bourreau ; c'est un supplice, que d'en craindre.

Section LX.

Pourquoi ce guerrier qui s'est acquis tant de gloire dans le champ de Mars, qui s'est tant de fois montré redoutable dans des combats singuliers, malade au lit, ne peut-il soutenir, pour ainsi dire, le duel de la mort ?

Section LXI.

Au lit de mort, il n'est plus question de ce faste, ou de ce bruyant appareil de guerre, qui excitant les esprits, fait machinalement courir aux armes. Ce grand aiguillon des François, le point d'honneur n'a plus lieu ; on n'a point devant soi l'exemple de tant de camarades, qui braves les uns par les autres, sans doute plus que par eux-mêmes, s'animent mutuellement à la soif du carnage. Plus de spectateurs, plus de fortune, plus de distinction à espérer. Où l'on ne voit que le néant pour récompense de son courage, quel motif soutiendroit l'amour-propre ?

Section LXII.

Je ne suis point surpris de voir mourir lâchement au lit, & courageusement dans une action. Le duc de *** affrontoit intrépidement le canon sur le revers de la tranchée, & pleuroit à la garde-robe. Là héros, ici poltron, tantôt Achille, tantôt Thersite ; tel est l'homme ! Qu'y a-t-il de plus digne de l'inconséquence d'un esprit aussi bisarre ?

Section LXIII.

Voilà, dieu merci, tant de fortes épreuves par lesquelles j'ai passé sans trembler, que j'ai lieu de croire que je mourrai de même, en philosophe. Dans ces violentes crises, où je me suis vu prêt de passer de la vie à la mort, dans ces momens de foiblesse, où l'ame s'anéantit avec le corps, momens terribles pour tant de grands hommes, comment moi, frêle & délicate machine, ai-je la force de plaisanter, de badiner, de rire ?

Section LXIV.

Je n'ai ni craintes, ni espérances. Nulle empreindre de ma premiere éducation ; cette foule de préjugés, sucés, pour ainsi dire, avec le lait, a heureusement disparu de bonne heure à la divine clarté de la philosophie. Cette substance molle & tendre, sur laquelle le cachet de l'erreur s'étoit si bien imprimé, rase aujourd'hui, n'a conservé aucuns vestiges, ni de mes collegues, ni de mes pédans. J'ai eu le courage d'oublier ce que j'avois eu la foiblesse d'apprendre ; tout est rayé ; (quel bonheur !) tout est effacé, tout est extirpé jusqu'à la racine ; & c'est le grand ouvrage de la réflexion & de la philosophie ; elles seules pouvoient arracher l'yvraie, & semer le bon grain dans les sillons que la mauvaise herbe occupoit.

Section LXV.

Laissons-là cette épée fatale qui pend sur nos têtes. Si nous ne pouvons l'envisager sans trouble, oublions que ce n'est qu'à un fil qu'elle est suspendue. Vivons tranquilles, pour mourir de même.

Section LXVI.

Épictete, Antonin, Séneque, Pétrone, Anacréon, Chaulieu, &c. soyez mes évangélistes & mes directeurs dans les derniers momens de ma vie… Mais non ; vous me serez inutiles ; je n'aurai besoin ni de m'aguerrir, ni de me dissiper, ni de m'étourdir. Les yeux voilés, je me précipiterai dans ce fleuve de l'éternel oubli, qui engloutit tout sans retour. La faulx de la Parque ne sera pas plutôt levée, que déboutonnant moi-même mon cou, je serai prêt à recevoir le coup.

Section LXVII.

La faulx ! Chimere poétique ! La mort n'est point armée d'un instrument tranchant. On diroit (autant que j'en ai pu juger par ses plus intimes approches) qu'elle ne fait que passer au cou des mourans un nœud coulant, qui serre moins, qu'il n'agit avec une douceur narcotique : c'est l'opium de la mort ; tout le sang en est enivré, les sens s'émoussent : on se sent mourir, comme on se sent dormir, ou tomber en foiblesse, non sans quelque volupté.

Section LXVIII.

Combien tranquille en effet, combien douce est une mort qui vient comme pas à pas, qui ne surprend, ni ne blesse ! Une mort prévue, où l'on n'a que le sentiment qu'il faut avoir, pour en jouir ! Je ne suis point étonné que ces mots-là séduisent par leur flatteuse amorce. Rien de douloureux, rien de violent ne les accompagne ; les vaisseaux ne se bouchent que l'un après l'autre, la vie s'en va peu-à-peu, avec une certaine nonchalance molle : on se sent si doucement tiré d'un côté, qu'à peine daigne-t-on se retourner de l'autre. Il en coûte, il est violent à la nature, de ne pas succomber à la tentation de mourir, quand le dégoût de la vie fait le plaisir de la mort.

Section LXIX.

La mort & l'amour se consomment par les mêmes moyens, l'expiration. On se reproduit, quand c'est d'amour qu'on meurt : on s'anéantit, quand c'est par le ciseau d'Atropos. Remercions la nature, qui ayant consacré les plaisirs les plus vifs à la production de notre espece, nous en a encore réservés d'assez doux, le plus souvent, pour ces momens où elle ne peut plus nous conserver vivans.

Section LXX.

J'ai vu mourir, triste spectacle ! des milliers de soldats, dans ces grands hôpitaux militaires, qui m'ont été confiés en Flandres durant la derniere guerre. Les morts agréables, telles que je viens de les peindre, m'ont paru beaucoup moins rares, que les morts douloureuses. Les plus communes sont insensibles. On sort de ce monde, comme on y vient, sans le savoir.

Section LXXI.

Que risque-t-on à mourir ? Et que ne risque-t-on à vivre ?

Section LXXII.

La mort est la fin de tout ; après elle, je le répète, un abyme, un néant éternel ; tout est dit, tout est fait ; la somme des biens, & la somme des maux est égale : plus de soins, plus d'embarras, plus de personnage à représenter ; *la farce est jouée (Rabelais).*

Section LXXIII.

« Pourquoi n'ai-je pas profité de mes maladies, ou plutôt d'une d'entr'elles, pour finir cette comédie du monde ! Les frais de ma mort étoient faits ; voilà un ouvrage manqué, auquel il faudra toujours revenir. Semblables à une montre dont les mouvemens retardés, parcourant toujours le même cercle, quoique avec plus de lenteur, remettent cependant l'aiguille au point où elle étoit, quand elle a commencé de tourner, nous parviendrons tous de même au point que nous fuyons : la médecine la plus éclairée, ou la plus heureuse, ne peut que retarder les mouvemens de l'aiguille. À quoi bon tant de peines & tant d'efforts ! Après avoir courageusement monté sur l'échaffaud, est aussi dupe que lâche qui en descend, pour passer de nouveau par les verges & les étrivieres de la vie. » Langage bien digne d'un homme dévoré d'ambition, rongé d'envie, en proie à un amour malheureux, ou poursuivi par d'autres furies !

Section LXXIV.

Non, je ne serai point le corrupteur du goût inné qu'on a pour la vie ; je ne répandrai point le dangereux poison du Stoïcisme sur les beaux jours, & jusques sur la prospérité de nos Lucilius. Je tâcherai au contraire d'émousser la pointe des épines de la vie, si je n'en puis diminuer le nombre, afin d'augmenter le plaisir, d'en cueillir les roses : & ceux qui par un malheur d'organisation déplorable, s'ennuyeront au beau spectacle de l'univers, je les prierai d'y rester, par religion, s'ils n'ont pas d'humanité ; ou, ce qui est plus grand, par humanité, s'ils n'ont pas de religion. Je ferai envisager aux simples les grands biens que la religion promet à qui aura la patience de supporter ce qu'un grand homme a nommé *le mal de vivre ;* & les tourmens éternels dont elle menace ceux qui ne veulent point rester en proie à la douleur, ou à l'ennui. Les autres, ceux pour qui la religion n'est que ce qu'elle est, une fable, ne pouvant les retenir par des liens rompus, je tâcherai de les séduire par des sentimens généreux, de leur inspirer cette grandeur d'ame, à qui tout cede ; enfin faisant valoir les droits de l'humanité, qui vont devant tout, je montrerai ces relations cheres & sacrées, plus patétiques que les plus éloquens discours. Je ferai paroître une épouse, une maîtresse en pleurs ; des enfans désolés, que la mort d'un pere va laisser sans éducation sur la face de la terre. Qui n'entendroit des cris si touchans du bord du tombeau ? Qui ne r'ouvriroit une paupiere mourante ? Quel est le lâche qui refuse de porter un fardeau utile à plusieurs ? Quel est le monstre, qui par une douleur d'un moment, s'arrachant à sa famille, à ses amis, à sa patrie, n'a pour but que de se délivrer des devoirs les plus sacrés !

Section LXXV.

Que pourroient contre de tels argumens, tous ceux d'une secte, qui, quoiqu'on en dise[1], n'a fait de grands hommes qu'aux dépens de l'humanité ?

Section LXXVI.

Il est assez indifférent par quel aiguillon on excite les hommes à la vertu. La religion n'est nécessaire que pour qui n'est pas capable de sentir l'humanité. Il est certain (qui n'en fait pas tous les jours l'observation ou l'expérience ?) qu'elle est inutile au commerce des honnêtes gens. Mais il n'appartient qu'aux ames élevées de sentir cette grande vérité. Pour qui donc est fait ce merveilleux ouvrage de la politique ? Pour des esprits, qui n'auroient peut-être point eu assez des autres freins ; espece, qui malheureusement constitue le plus grand nombre ; espece imbécille, basse, rampante, dont la société a cru ne pouvoir tirer parti, qu'en la captivant par le mobile de tous les esprits, l'intérêt ; celui d'un bonheur chimérique.

Section LXXVII.

J'ai entrepris de me peindre dans mes écrits, comme Montagne a fait dans ses *Essais*. Pourquoi ne pourroit-on pas se traiter soi-même ? Ce sujet en vaut bien un autre, où l'on voit moins clair : & lorsqu'on a dit une fois que c'est de soi qu'on a voulu parler, l'excuse est faite, ou plutôt on n'en doit point.

Section LXXVIII.

Je ne suis point de ces misanthropes, tels que le Vayer, qui ne voudroient point recommencer leur carriere, l'ennui hypochondriaque est trop loin de moi ; mais je ne voudrois pas repasser par cette stupide enfance, qui commence & finit notre course. J'attache déjà volontiers, comme parle Montagne, *la queue d'un philosophe au plus bel âge de ma vie* ; mais, pour remplir par l'esprit, autant qu'il est possible, les vuides du cœur, & non pour me repentir de

---

1 Esprit des loix, T. I

les avoir autrefois comblés d'amour. Je ne voudrois revivre, que comme j'ai vécu, dans la bonne chere, dans la bonne compagnie, la joie, le cabinet, la galanterie ; toujours partageant mon temps entre les femmes, cette charmante école des graces, Hyppocrate, & les muses, toujours aussi ennemi de la debauche, qu'ami de la volupté ; enfin tout entier à ce charmant mêlange de sagesse & de folie, qui s'aiguisant l'une par l'autre, rendent la vie plus agréable, & en quelque sorte plus piquante.

Section LXXIX.

Gémissez, pauvres mortels ! Qui vous en empêche ? Mais que ce soit de la brieveté de vos égaremens ; leur délire est d'un prix fort au-dessus d'une raison froide qui déconcerte, glace l'imagination & effarouche les plaisirs.

Section LXXX.

Au lieu de ces bourreaux de remords qui nous tourmentent, ne donnons à ce charmant & irréparable temps passé, que les mêmes regrets, qu'il est juste que nous donnions un jour (modérément) à nous-mêmes, quand il nous faudra, pour ainsi dire, nous quitter. Regrets raisonnables, je vous adoucirai encore, en jettant des fleurs sur mes derniers pas, & presque sur mon tombeau ! Ces fleurs seront la gaieté, le souvenir de mes plaisirs, ceux des jeunes gens qui me rappelleront les miens, la conversation des personnes aimables, la vue de jolies femmes, dont je veux mourir entouré, pour sortir de ce monde, comme d'un spectacle enchanteur ; enfin cette douce amitié, qui ne sait pas tout-à-fait oublier le tendre amour. Délicieuse réminiscence, lectures agréables, vers charmans, philosophes, goût des arts, aimables amis, vous qui faites parler à la raison même le langage de ces graces, ne me quittez jamais !

Section LXXXI.

Jouissons du présent ; nous ne sommes que ce qu'il est. Morts d'autant d'années que nous en avons, l'avenir qui n'est point encore, n'est pas plus en notre pouvoir, que le passé qui n'est plus. Si nous ne profitons pas des plaisirs qui se présentent, si nous fuyons ceux qui semblent aujourd'hui nous chercher, un jour viendra que nous les chercherons en vain ; ils nous fuiront bien plus à leur tour.

Section LXXXII.

Différer de se réjouir jusqu'à l'hiver de ses ans, c'est attendre dans un festin pour manger, qu'on ait desservi. Nulle autre saison ne succede à celle-là. Les froids aquilons soufflent jusqu'à la fin, & la joie même alors sera plus glacée dans nos cœurs, que nos liquides dans leurs tuyaux.

Section LXXXIII.

Je ne donnerai point au couchant de mes jours, la préférence sur leur midi : si je compare cette derniere partie, où l'on végète, c'est à celle où l'on végétoit. Loin de maudire le passé, m'acquittant envers lui du tribut d'éloges qu'il mérite, je le bénirai dans le bel âge de mes enfans, qui, rassurés par ma douceur contre une sévérité apparente, aimeront & chercheront la compagnie d'un bon pere, au lieu de la craindre & de la fuir.

Section LXXXIV.

Voyez la terre couverte de neige & de frimats ! Des crystaux de glace sont tout l'ornement des arbres dépouillés ; d'épais brouillards éclipsent tellement l'astre du jour, que les mortels incertains voient à peine à se conduire. Tout languit, tout est engourdi ; les fleuves sont changés en marbre, le feu des corps est éteint, le froid semble avoir enchaîné la nature. Déplorable image de la vieillesse ! La seve de l'homme manque aux lieux qu'elle arrosoit. Impitoyablement flétrie, reconnoissez vous cette beauté, à qui votre cœur amoureux dressoit autrefois des autels ? Triste, à l'aspect d'un sang glacé dans ses veines, comme les poëtes peignent les Naïades dans le cours arrêté de leurs eaux, combien d'autres raisons de gémir, pour qui la beauté est le plus grand présent des dieux ! La bouche est dépouillée de son plus bel ornement ; une tête chauve succede à ces cheveux blonds naturellement bouclés, qui flottoient, en se jouant, sur une belle gorge qui n'est plus. Changée en espece de tombeau, les plus séduisans appas du sexe semblent s'y être écroulés, & comme ensevelis. Cette peau si douce, si unie, si blanche, n'est plus qu'une foule d'écailles, de plis & de replis hideusement tortueux : la stupide imbécillité habite ces rides jaunes & raboteuses, où l'on croit la sagesse. Le cerveau affaissé, tombant chaque jour sur lui-même, laisse à peine passer un rayon d'intelligence ; enfin l'ame abrutie s'éveille, comme elle s'endort, sans idées. Telle est la derniere enfance de l'homme. Peut-elle mieux ressembler à la premiere & venir d'une cause plus différente.

Section LXXXV.

Comment cet âge si vanté l'emporteroit-il sur celui d'Hébé ? Seroit-ce sous le spécieux prétexte d'une longue expérience, qu'une raison chancelante & mal assurée ne peut ordinairement que mal saisir ? Il y a de l'ingratitude à mettre la plus dégoûtante partie de notre être, je ne dis pas au-dessus, mais au niveau de la plus belle & de la plus florissante. Si l'âge avancé mérite des égards, la jeunesse, la beauté, le génie, la vigueur, méritent des hommages & des autels. Heureux temps, où vivant sans nulle inquiétude, je ne connoissois d'autres devoirs, que ceux des plaisirs : saison de l'amour et du cœur, âge aimable, âge d'or, qu'êtes-vous devenus !

Section LXXXVI.

Préférer la vieillesse à la jeunesse, c'est commencer à compter le mérite des saisons par l'hiver. C'est moins estimer les présens de Flore, de Cérès, de Pomone, que la neige, la glace & les noirs frimats, les bleds, les raisins, les fruits, & toutes ces fleurs odoriférantes, dont l'air est si délicieusement parfumé, que des champs stériles, où il ne croît pas une seule rose, parmi une infinité de chardons : c'est moins estimer une belle & riante campagne, que des landes tristes et désertes, où le chant des oiseaux qui ont fui, ne se fait plus entendre, & où enfin, au lieu de l'alégresse & des chansons de moissonneurs & de vendangeurs, regnent la désolation & le silence.

Section LXXXVII.

À mesure que le sein glacé de la terre s'ouvre aux douces haleines du zéphire, les grains semés germent ; la terre se couvre de fleurs & de verdure. Agréable livrée du printemps, tout prend une autre face à ton aspect ; toute la nature se renouvelle, tout est plus gai, plus riant dans l'univers ! L'homme seul, hélas ! ne se renouvelle point : il n'y a pour lui ni fontaine de Jouvence, ni de Jupiter qui veuille rajeunir nos Titons, ni peut-être d'Aurore qui daigne généreusement l'implorer pour le sien.

Section LXXXVIII.

La plus longue carriere ne doit point alarmer les gens aimables. Les graces ne vieillissent point ; elles se trouvent quelquefois parmi les rides & les cheveux blancs ; elles font en tout temps badiner la raison ; en tout temps elles empêchent l'esprit d'y croupir. Ainsi par elles on plaît à tout âge ; à tout âge, on fait même sentir l'amour, comme l'abbé Gédoin l'éprouva avec la charmante octogénaire Ninon de Lenclos, qui le lui avoit prédit.

Section LXXXIX.

Lorsque je ne pourrai plus faire qu'un repas par jour avec Comus, j'en ferai encore un par semaine, si je peux, avec Vénus, pour conserver cette humeur douce & liante, sinon plus agréable, du moins plus nécessaire à la société que l'esprit. On reconnoît ceux qui fréquentent la déesse, à l'urbanité, à la politesse, à l'agrément de leur commerce. Quand je lui aurai dit, hélas ! un éternel adieu dans le culte, je la célébrerai encore dans ces jolies chansons & ces joyeux propos, qui aplanissent les rides & attirent encore la brillante jeunesse autour des vieillards rajeunis.

Section XC.

Lorsque nous ne pouvons plus goûter les plaisirs, nous les décrions. Pourquoi déconcerter la jeunesse ? N'est-ce pas son tour de s'ébattre & de sentir l'amour ? Ne les défendons que comme on faisoit à Sparte, pour en augmenter le charme & la fécondité. Alors vieillards raisonnables, quoique vieux avant la vieillesse, nous serons supportables, & peut-être aimables encore après.

Section XCI.

Je quitterai l'amour, peut-être plutôt que je ne pense ; mais je ne quitterai jamais Thémire. Je n'en ferois pas le sacrifice aux dieux. Je veux que ses belles mains, qui tant de fois ont amusé mon réveil, me ferment les yeux. Je veux qu'il soit difficile de dire, laquelle aura eu plus de part à ma fin, ou de la Parque, ou de la Volupté. Puissé-je véritablement mourir dans ses beaux bras, où je me suis tant de fois oublié ! Et, (pour tenir un langage qui rit à l'imagination, & peint si bien la nature,) puisse mon ame errante dans les champs élysées, & comme cherchant des yeux sa moitié, la demander à toutes les ombres ; aussi étonnée de ne plus voir le tendre objet qui la tenoit, il n'y a qu'un moment, dans des embrassemens si doux ; que Thémire, de sentir un froid mortel dans un cœur, qui, par la force dont il battoit, promettoit de battre encore longtemps pour elle. Tels sont mes *projets de vie & de mort* ; dans le cours de l'une & jusqu'au dernier soupir, Épicurien voluptueux ; Stoïcien ferme, aux approches de l'autre.

Section XCII.

Voilà deux sortes de réflexions bien différentes les unes des autres, que j'ai voulu faire entrer dans ce système Épicurien. Voulez-vous savoir ce que j'en pense moi-même ? Les secondes m'ont laissé dans l'ame un sentiment de volupté qui ne m'empêche pas de rire des premieres. Quelle folie de mettre en prose, peut-être médiocre, ce qui est à peine supportable en beaux vers ? Et qu'on est dupe, de perdre en de vaines recherches, un temps, hélas ! si court, & bien mieux employé à jouir, qu'à connoître !

Section XCIII.

Je vous salue, heureux climats, où tout homme qui vit comme les autres, peut penser autrement que les autres ; où les théologiens ne sont pas plus juges des philosophes qu'ils ne sont faits pour l'être ; où la liberté de l'esprit, le plus bel apanage de l'humanité, n'est point enchaînée par les préjugés ; où l'on n'a point honte de dire ce qu'on ne rougit point de penser ; où l'on ne court point risque d'être le martyr de la doctrine dont on est apôtre. Je vous salue, patrie déjà célebrée par les philosophes, où tous ceux que la tyrannie persécute, trouvent (s'ils ont du mérite & de la probité) non un asyle assuré, mais un port glorieux ; où l'on sent combien les conquêtes de l'esprit sont au-dessus de toutes les autres ; où le philosophe enfin comblé d'honneurs & de bienfaits, ne passe pour un monstre que dans l'esprit de ceux qui n'en ont point. Puissiez-vous, heureuse terre, fleurir de plus en plus ! Puissiez-vous sentir tout votre bonheur, & vous rendre en tout, s'il se peut, digne du grand homme que vous avez pour roi ! Muses, graces, amours, & vous, sage Minerve, en couronnant des plus beaux lauriers l'auguste front du *Julien moderne,* aussi digne de gouverner que l'ancien, aussi savant, aussi bel esprit, aussi philosophe, vous ne couronnez que votre ouvrage.

Section XCIII.

ISBN : 978-1536812978

www.ingramcontent.com/pod-product-compliance
Lightning Source LLC
Chambersburg PA
CBHW070340190526
45169CB00005B/1979